百角文库

# 诗说二十四节气

陈全忠　著

U0278172

中国少年儿童新闻出版总社
中国少年儿童出版社
北京

## 图书在版编目（CIP）数据

诗说二十四节气 / 陈全忠著 . -- 北京：中国少年
儿童出版社，2024.1（2024.7重印）
（百角文库）
ISBN 978-7-5148-8428-9

Ⅰ.①诗… Ⅱ.①陈… Ⅲ.①二十四节气 - 青少年读
物 Ⅳ.① P462-49

中国国家版本馆 CIP 数据核字 (2023) 第 254454 号

### SHI SHUO ERSHISI JIEQI
（百角文库）

出 版 发 行：中国少年儿童新闻出版总社
中国少年儿童出版社

执行出版人：马兴民

| | |
|---|---|
| 丛书策划：马兴民 缪 惟 | 美术编辑：徐经纬 |
| 丛书统筹：何强伟 李 橦 | 装帧设计：徐经纬 |
| 责任编辑：冯广涛 | 标识设计：曹 凝 |
| 责任校对：刘 颖 | 封 面 图：杰米乔 |
| 责任印务：厉 静 | |

| | |
|---|---|
| 社 址：北京市朝阳区建国门外大街丙 12 号 | 邮政编码：100022 |
| 编 辑 部：010-57526123 | 总 编 室：010-57526070 |
| 发 行 部：010-57526568 | 官方网址：www.ccppg.cn |

印刷：河北宝昌佳彩印刷有限公司

| | |
|---|---|
| 开本：787mm×1130mm　1/32 | 印张：3.125 |
| 版次：2024 年 1 月第 1 版 | 印次：2024 年 7 月第 2 次印刷 |
| 字数：50 千字 | 印数：5001-11000 册 |

ISBN 978-7-5148-8428-9　　　　　　　　　　定价：12.00 元

图书出版质量投诉电话：010-57526069　　　电子邮箱：cbzlts@ccppg.com.cn

# 序

　　提供高品质的读物，服务中国少年儿童健康成长，始终是中国少年儿童出版社牢牢坚守的初心使命。当前，少年儿童的阅读环境和条件发生了重大变化。新中国成立以来，很长一个时期所存在的少年儿童"没书看""有钱买不到书"的矛盾已经彻底解决，作为出版的重要细分领域，少儿出版的种类、数量、质量得到了极大提升，每年以万计数的出版物令人目不暇接。中少人一直在思考，如何帮助少年儿童解决有限课外阅读时间里的选择烦恼？能否打造出一套对少年儿童健康成长具有基础性价值的书系？基于此，"百角文库"应运而生。

　　多角度，是"百角文库"的基本定位。习近平总书记在北京育英学校考察时指出，教育的根本任务是立德树人，培养德智体美劳全面发展的社会主义建设者和接班人，并强调，学生的理想信念、道德品质、知识智力、身体和心理素质等各方面的培养缺一不可。这套丛书从100种起步，涵盖文学、科普、历史、人文等内容，涉及少年儿童健康成长的全部关键领域。面向未来，这个书系还是开放的，将根据读者需求不断丰富完善内容结构。在文本的选择上，我们充分挖掘社内"沉睡的""高品质的""经过读者检验的"出版资源，保证权威性、准确性，力争高水平的出版呈现。

通识读本，是"百角文库"的主打方向。相对前沿领域，一些应知应会知识，以及建立在这个基础上的基本素养，在少年儿童成长的过程中仍然具有不可或缺的价值。这套丛书根据少年儿童的阅读习惯、认知特点、接受方式等，通俗化地讲述相关知识，不以培养"小专家""小行家"为出版追求，而是把激发少年儿童的兴趣、养成正确的思考方法作为重要目标。《畅游数学花园》《有趣的动物语言》《好大的地球》《看得懂的宇宙》……从这些图书的名字中，我们可以直接感受到这套丛书的表达主旨。我想，无论是做人、做事、做学问，这套书都会为少年儿童的成长打下坚实的底色。

中少人还有一个梦——让中国大地上每个少年儿童都能读得上、读得起优质的图书。所以，在当前激烈的市场环境下，我们依然坚持低价位。

衷心祝愿"百角文库"得到少年儿童的喜爱，成为案头必备书，也热切期盼将来会有越来越多的人说"我是读着'百角文库'长大的"。

是为序。

马兴民

2023 年 12 月

# 目　录

# 立春：从此阳春应有脚

立春，是二十四节气之首，在每年公历的2月3、4或5日到来。我国习惯上以立春为春季的开始。

老一辈人说，以前有个风俗，立春前一日，有两名艺人顶冠饰带，一称春官，一称春吏，沿街高喊"春来了"，俗称"报春"。

冬天迟迟不肯离开，春天来得那么审慎和迟疑。人们还穿着厚厚的冬装，却早已期盼着风和日暖、鸟语花香。那一声"春来了"足以让人心动：寒冬终于要过去了，一个崭新的春天即将到来！

就像一块荒芜的土地沉睡了一个冬天之后，终会醒来并长出嫩芽，就像一间锁了很久的房子终于打开天窗，冬日凝重、臃肿的感觉突然飘散，人们的思维开始活跃，心情变得轻松，对于春天，生出许多希望和憧憬。

人们对于春天的期盼，超过了其他季节，因为"一年之计在于春"。四季之初，仿佛又一段人生的开始，你可以给过去的生活按下一次暂停键，计划着做点儿什么。

立春后，寒意并不会立刻退去。但人们不都是带着期盼生活的吗？有了期盼，便有了生机和力量。寒冬过后，我们的生活可以柳暗花明；我们可以去拥抱接下来的那些熠熠生辉的日子。

## 【诗词鉴赏】

# 汉宫春·立春日

[宋]辛弃疾

春已归来，看美人头上，袅袅春幡。无端风雨，未肯收尽余寒。年时燕子，料今宵、梦到西园。浑未办、黄柑荐酒，更传青韭堆盘？　　却笑东风从此，便薰梅染柳，更没些闲。闲时又来镜里，转变朱颜。清愁不断，问何人、会解连环？生怕见、花开花落，朝来塞雁先还。

辛弃疾是一位忧国忧民的词人，他的青少年时代是在北方度过的。当时的北方已被金人统治，他的家乡山东也不例外。他在宋高宗绍兴三十二年（公元1162年）从金国归于南宋。据考证，这首词正是他南归之初、寓居镇江时所作。

上阕写南方立春时的景象。街上美人们的

头发上已经缠上了袅袅春幡（春幡，即春旗。按当时习俗，立春日，妇女们用布帛、彩纸等剪成燕形小幡，戴在头发上），这便是春已归来的最好明证。风雨时断时续，冬日残余的寒气还在。去年南来的燕子，想必会在今晚的梦中回到西园。词人不免想起已沦陷的故国，用拟人的手法，表达自己的故国之思。

下阕，词人感叹时光过得真快，进一步抒发自己的忧国思乡之情。从立春开始，东风便再没闲暇地忙着，将梅花熏得开放，把柳树染成一片绿色。词人闲时来到镜里，发现青春的容颜已经改变。愁苦如一个一个的连环结，无法解开。他怕见到接下来的"花开花落"，因为这标志着一年的光阴又要完结了。他更怕见到"塞雁先还"，因为塞北之雁先回去了，而自己还滞留在南方，无法北归，感到非常悲哀。

# 雨水：春光深浅可问花

　　雨水，是二十四节气中的第 2 个节气，在每年公历的 2 月 18、19 或 20 日到来。

　　雨水节气前后，万物萌动，草木抽青，气象意义上的春天正式来到了。大地如期醒来，披上了浅浅的新装。山林中的朽木都被春风舒活，角落里的花草都被雨露疗愈。春光深浅，可问早春的花。

　　这时候的气温升降不定，人们脱掉的棉衣可能随时得穿起来，"节临雨水初飞雪"，一点儿都不稀奇。这时候的雨真的是贵如油，有了一场春雨，农民们开始做春耕的准备，心头升起秋天收获的喜悦。

雨水时节，是天地交会的日子。天地相交，万物大通。雨的声音，大地在听，溪流在听，鸟在听，草木在听。草听懂了，便绿了；花听懂了，便开了。你也在听吗？你听懂了，不妨隔雨相望，向一朵花遥遥致意吧。

爱着花，用一双清澈的眼睛去欣赏姹紫嫣红；爱着音乐，用一双浪漫的耳朵去对抗糟糕和无常；爱着书籍，每个故事里都带着清晨的雨露，你会得到滋润和抚慰，迎来四面八方的美好际遇；爱着一个甜美的微笑，让它从容绽放，你会得到温暖和治愈；爱着一个多年的理想，让它一直闪闪发光，你便有了不负青春的笃定……

**【诗词鉴赏】**

## 春夜喜雨

［唐］杜　甫

好雨知时节，当春乃发生。

随风潜入夜，润物细无声。

野径云俱黑，江船火独明。

晓看红湿处，花重锦官城。

每个人感受到的雨各不相同。听雨的地方不同，听雨的季节不同，人生不同阶段的境遇不同，听雨的心态也就不同。

在经过一段时间颠沛流离的生活后，唐肃宗乾元二年（公元 759 年）年底，诗人杜甫来到四川成都定居。他在浣花溪边修建草堂，开始了在蜀中的一段较为安定的生活。这首诗大约作于唐肃宗上元二年（公元 761 年）春。此

时，杜甫已在草堂居住一年。他感受到的春雨
是什么样子的呢？

春天的雨最是招人欢喜，正好下在春天植
物萌发生长的时候。在浣花溪畔，诗人下地耕
作，上野拾柴，与农人为伴，与农人为友，所
以他深深理解农人对春雨的感情。

春天的雨又是诗意的。在没有星月之光的
春雨之夜，云朵压得很低，野外一片漆黑，
这并没有让诗人扫兴，他看到了江上的点点
渔火，心头便有了明亮而温暖的光。"黑"与
"明"相互映衬，不仅点明了云厚雨足，而且
给人以强烈的美感。

更值得期待的是，等到第二天早上醒来，整
个成都城将变成花城。那些湿漉漉的、红艳艳的
花朵，就是被这春雨催生出来的呀！读着这样的
诗，我们的心情也不免跟着欢快和明亮起来。

# 惊蛰：此是春来第一声

惊蛰，是二十四节气中的第 3 个节气，在每年公历的 3 月 5、6 或 7 日到来。

从惊蛰开始，春天变得有声有色。天气开始变暖，风儿开始变得温柔，雨水也渐渐多了起来。大自然焕发了新的活力，空气里满是花草泥土的香气。

"微雨众卉新，一雷惊蛰始。"春雷一响，惊醒了蛰伏于地下冬眠的昆虫。它们用尽全力，蜕去了冬天的壳，跳在新翻的泥土上，和牛一起发呆；待醒过神来，它们便蹦跶开来，寻找青草和甘露。蛰伏的动物们也从洞穴里探出头来。锦鳞破浪，飞鸟展翅，走兽奔行，世界于冷峭中复苏。

其实，惊醒世界的并不是春雷，而是和风丽日，繁红嫩绿。原本枯黄的草地，不知道什么时候冒出些许绿意。田地里，农民们正忙碌着春耕，生怕负了春光，误了农时。

春天，你可能是被雷声唤醒的，可能是被鸟鸣唤醒的，可能是被田野里的芬芳唤醒的，可能是被"春雷"一般的人唤醒的。惊蛰日，适合醒来，更适合行动。

美好的春光不可辜负。人一激灵，如蛰虫一般得到提醒和鞭策，奋力奔向春天，奔向良辰美景和赏心乐事。

**【诗词鉴赏】**

# 到 京 师

[元] 杨 载

城雪初消荠菜生，角门深巷少人行。

柳梢听得黄鹂语，此是春来第一声。

杨载是元朝著名诗人，与虞集、范梈、揭
傒斯齐名，并称"元诗四大家"。元朝时期，
蒙古统治者不重视科举制度，且推行民族歧视
和压迫政策，很多汉人士子没有入仕的机会。
杨载虽然满腹经纶，但才能不得施展。后来经
人举荐，杨载以布衣身份被召为翰林国史院编
修官，来到京师生活。

北方的春天来得比较晚，此时京师的积雪
才刚刚消融，春寒尚料峭。诗人深居偏僻的小
巷，门前的行人很稀少。但荠菜像繁星一样从泥

土里冒出来，春天也就到来了。

古代五天为一候。惊蛰有三候：一候"桃始华"，红入桃花嫩，青归柳叶新，桃花流水，勾引出千媚百态；二候"仓庚鸣"，仓庚就是诗中的黄鹂；三候"鹰化为鸠"，这里的鸠是指布谷鸟，天空中已看不到雄鹰的踪迹，只听见布谷鸟在鸣叫，这是在提醒农人"耕种从此起"。

初到京师，杨载的心中一定充满了希望，觉得新生活展现出无限可能。听到黄鹂清脆的鸣叫声从柳梢传来，他的内心一定很欢喜，"此是春来第一声"便忍不住脱口而出。在宋代词人张元干的心中，"春来第一声"应该是春雷。但杨载觉得，春雷哪有柳梢的鹂鸣悦耳动听呢？

# 春分：且待春和款款行

　　春分，是二十四节气中的第 4 个节气，在每年公历的 3 月 20 或 21 日到来。

　　古人说："春分者，阴阳相半也，故昼夜均而寒暑平。"一个"分"字道出了昼夜、寒暑的界限。此时，昼夜不长不短，天气不冷不热，我国大部分地区都已进入明媚的春天。

　　春分和谐，万物共生。人站在花红柳绿之间，看"青梅如豆柳如眉，日长蝴蝶飞"，看"儿童散学归来早，忙趁东风放纸鸢"，心头的紧张、不安和不适，都随着风筝那根伸向天空的晃悠悠的线，慢慢稀释掉了。

春分日或春分日前会遇到"国际幸福日"（每年的 3 月 20 日，由联合国大会决议设立）。所谓幸福，不正是生命里无数关系的"平衡与和谐"吗？

一棵树摇动另一棵树，一朵花追逐另一朵花，一个灵魂唤醒另一个灵魂。你准备好了和春天来一场约会吗？

此刻，人们盼望与春天结缘，盼望变化，盼望新生，盼望到处走走。

此刻，适合摘一些花和草，炒一盘春天。你也可以在闲暇时，炒一盘花，或者泡一杯花茶。花，婉容喜色，纯美无言。看一眼它，心中便花开满枝。

**【诗词鉴赏】**

# 春日田家

［清］宋　琬

野田黄雀自为群，山叟相过话旧闻。

夜半饭牛呼妇起，明朝种树是春分。


春分时节，鸟雀成群结队地来到田野里觅食，像淹没在文字中的标点，你不发出声响，它们便不会被惊起。村里的老人们常出门活动筋骨，在路上相遇了，忙的时候就彼此打个招呼，不忙的时候就拉拉家常，说说陈年旧事。村路上不时会响起爽朗的笑声。

春分节气，对于农业耕作来讲，尤为重要。农谚有云："春分乱纷纷，农村无闲人。"此时，和风送暖、阳光明媚、大地升温，正是春耕春种的农忙时节。静谧的春晨，农人就开始忙起来了。过阵子牛要耕地了，得让它吃饱，给它多加点儿草料。农人站在月光下，想起明天还有一件大事，赶紧喊起正在酣睡的妇人，"明天是春分，要去种树，赶紧起来准备准备工具！"

春分时节，民间有栽植"纪念树"的习俗，比如，父母为孩子栽植"成长树""成人树"，青年人为自己栽植"青春树""连理树""爱情树"，子女为老人栽植"敬老树""长寿树"……"节令到春分，栽树要抓紧。春分栽不妥，再栽难成活。"从气温、水分上讲，春分时节植树，树最容易成活，种下一片桃树，第二年的春天你便坐拥世外桃源了；种下一棵梧桐，几年后的夏日你就能收获一大片阴凉。

# 清明：风乎舞雩咏而归

　　清明，是二十四节气中的第5个节气，在每年公历的4月4、5或6日到来。

　　二十四节气里，清明比较特殊，它既是一个节气，也是一个节日。它与春节、端午节、中秋节并称"中国四大传统节日"。

　　清明节融合了古时的寒食节和上巳节。寒食节在清明前一天，从这一天起，古人三天不生火做饭，只吃事先做好的冷食，故寒食节又称"冷节""禁烟节"。此外，寒食节还有祭扫、踏青、打秋千、蹴鞠等习俗。上巳节也在清明前后，民间有到水边沐浴、祛灾祈福的祭祀习俗。魏晋以后，上巳节改为农历三月三，逐渐成为水边宴饮、郊外游春的节日。

随着时代的发展，寒食节和上巳节逐渐退出人们的视野，但扫墓、踏青、吃冷食等习俗在清明节保留了下来。

人们扫完墓，并不急着回家，转而来到一片田野山林，踏青赏花，把酒言欢。人生不正是如此吗？一边流泪，一边欢笑；一边纪念过去，一边庆祝新生。

这就是清明，既有祭扫思亲的悲酸泪，又有踏青游玩的欢笑声。因此，清明不仅是"清明时节雨纷纷，路上行人欲断魂"的充满哀思的清明，还是坦坦荡荡、清净明澈的清明。

## 【诗词鉴赏】

# 破阵子

[宋] 晏　殊

燕子来时新社，梨花落后清明。池上碧苔三四点，叶底黄鹂一两声，日长飞絮轻。　　巧笑东邻女伴，采桑径里逢迎。疑怪昨宵春梦好，元是今朝斗草赢，笑从双脸生。


清明是一年春光里最让人留恋的时节。晏殊的这首词通过描写古代少女们在清明时节的生活场景，展现了一幅春意盎然、青春欢乐的美丽画面。

社日是古时祭祀土地神的日子，分为春社和秋社。春社是祈求土地神保佑风调雨顺、五谷丰登；而秋社则是报答和感谢土地神的，类似于还愿，也是古代的丰收节。社日起源于上古时代，兴于秦汉，传承于魏晋南北朝，兴盛于唐宋，最终在元明清三朝日渐衰微下去。

春社的时间约在春分和清明之间。词人看到的社日春景是一片清新：燕子飞来时正赶上春社。清明节前后，天气渐渐转暖，桃花、樱花、杏花等竞相绽放，海棠花、梨花也开始接力，园子里的水塘边长了青苔，柳叶底下的黄鹂鸟不时婉转鸣叫，真可谓万紫千红，鸟语花香。白天慢慢变得长了，很快，柳絮又要随风飞舞了。

少女们早就等不及了，春社一到，她们就相约去野外踏青游玩。她们在平时采桑的小路上相遇了。难得出来一趟，大家尽情地嬉戏玩耍，放飞心情，一个个显得那么天真无邪，活泼可爱。

# 谷雨:留春肯住欲如何

谷雨,是二十四节气中的第 6 个节气,也是春季的最后一个节气,在每年公历的 4 月 19、20 或 21 日到来。

农谚有云:"谷雨时节种谷天,南坡北洼忙种棉;水稻插秧好火候,种瓜点豆种地蛋。"谷雨时节,布谷鸟的叫声清亮,田间地头的农人正忙着播种移苗、栽瓜点豆。春天播种的好时光怕留不住啊,要抓紧!

四季之中,春天给人的感觉最为短暂。暮

春时节，那肆意开放的花想要留住春天，不舍得飘落；那嘹亮清朗的歌声还在耳边萦绕，不舍得散场。这么好的春光就要逝去了，又一个春天离我们而去。

聚散离合，本是人生的常态。与其在春天的末尾看着一地的落花而伤春，不如珍惜眼前的春光，珍惜身边的亲友和所遇见的有缘人。你看，眼前的千树桃花自有风情万种，深红粉白，如彩如霞，无言忽笑。不妨和好友谈个尽兴，哪怕它五鼓三更，哪怕它夜来风雨，你只管挥笔记下此刻的感动。

在这暮春的时节里，与其伤感留春不住，不如互相祝福："愿春长在人长健，何惜与春归去来。"也让我们怀着同样欣喜的心情，迈入美好的夏天。

**【诗词鉴赏】**

# 谢中上人寄茶

[唐] 齐 己

春山谷雨前，并手摘芳烟。

绿嫩难盈笼，清和易晚天。

且招邻院客，试煮落花泉。

地远劳相寄，无来又隔年。

谷雨茶香。对于资深茶客来说，明前茶鲜嫩有余，滋味不足，而雨前茶的滋味更为浓郁。明代的茶人和学者许次纾说过，采茶"清明太早，立夏太迟，谷雨前后，其时适中"。

谷雨品茶是古代文人的一大雅事。中晚唐时期，文人茶宴、民间茶社蔚然成风。不管南方北方，还是城市乡村，上自皇室权贵，下到贩夫走卒，无不喜好饮茶。饮茶、咏茶、以茶会友遂成雅事。齐己是晚唐著名诗僧，与当时名士结为方外诗友，时相唱和，品茶论道，自是常事。

谷雨到来前，山川已由凝重的黛色转为青色，风景十分秀丽。采茶人正在忙碌地采摘清香四溢的茶叶。茶叶细嫩，采摘不易，装茶的竹篓都还没满呢，不知不觉天色已晚。诗人为谷雨茶之香所倾倒，朋友寄的新茶一到，他先请邻里的客人来品茗。煮上落花的泉水，这茶也应该带着花香吧。

暮春的黄昏，台阶下的芍药已经睡着了，散发着沁人灵魂的香气，让人拾起一段失而复得的记忆。也许承诺过一个约会，至今尚未兑现。谢谢那个不远千里寄来新茶的朋友，想必彼此也有一年时间没相见了。

# 立夏：人间有味是清欢

立夏，是二十四节气中的第7个节气，在每年公历的5月5、6或7日到来。我国习惯上以立夏为夏季的开始。

低眉春已逝，抬头夏伊始。春和夏之间好像没有过渡，一夜薰风带暑来，一不留神，心心念念的夏天就来了。

古有言："立夏，物至此时皆假大也。"植物有了按捺不住的生命力，风的气味变了，天空的色调变了，白日的街头充溢着光辉。宋代词人朱淑真说："谢却海棠飞尽絮，困人天气日初长。"白昼开始变得漫长，入夜又晚，人容易困顿，没精神。但唐代诗人李昂却说："人皆苦炎热，我爱夏日长。"天醒得越来越早，阳光坦坦荡荡，云也白，让人想看一眼又一眼。夏日新生，生命处处敞亮。

古人是很重视立夏日这一天的。据说周朝时期，天子要在立夏日带领文武百官到郊外去祭祀，君臣们会穿上朱色礼服，配朱色玉佩，连马匹、车旗都要朱色的。仪式如此隆重，是要表达对丰收的祈求和对美好的渴望。

"人间有味是清欢。"立夏日一到，标志着炎热高温的天气逐渐到来，人们难免烦躁上火，食欲不振。喝上一杯淡淡的清茶，吃上一碟鲜嫩的素菜，这才是真正令人愉悦的人间至味啊！

**【诗词鉴赏】**

# 立夏日山中遍游后夜宿刘邦彦竹东别墅

［明］沈　周

乍认东庄路不真，有桥通市却无邻。

山穷借看堂中画，花尽来寻竹主人。

烂熳篾麻发新兴，留连樱笋送残春。

与君再见当经岁，分付清觞缓缓巡。


　　明代绘画大师沈周是吴门画派的领袖人物。多年来他一直秉承"父母在，不远游"的古训，很少辞亲远游。但中年后他出过两次远门，都是去杭州拜会老朋友刘邦彦。

　　古人的别墅是一种传统建筑，也是一种生活方式，山水兼有，抵近都市却又充满野趣。竹东别墅靠近城市，却无车马之喧，所以诗人沿着东庄路走来，还以为自己走错了地方。

　　路边的小溪上建有许多小桥，跨过小溪，诗人见到的是满眼翠绿的景色，听到的是满耳的溪泉鸣响，不禁陶醉在这幽美的环境中。一路走来，山山水水就像大自然打开的一幅画卷。走到尽头，就是竹东别墅了。这里遍植修竹，想必堂中也挂有几幅修竹图，诗人忍不住想要细细欣赏。

　　来的时候是花尽的时节，但还没有错过赏味时限。黄泥小笋鲜嫩甘脆，吃完一季，得想念一年啊。樱桃如一盏盏红色小灯，挂满绿色的果树，真是一种诱惑。

　　流连山水、诗画相伴的日子过得真快啊！不得不跟竹东别墅告别了，诗人心中有诸多不舍。本来出远门的机会就少，这一别又不知道哪年再能和老朋友相见，诗人的无限情意都付诸在一轮又一轮的饯别酒中。

# 小满：物至此小得盈满

　　小满，是二十四节气中的第 8 个节气，在每年公历的 5 月 20、21 或 22 日到来。

　　二十四节气里，有"小暑、大暑；小雪、大雪；小寒、大寒"，但有意思的是，并没有与"小满"对应的节气。

　　《月令七十二候集解》中记载："小满，四月中。小满者，物至于此小得盈满。"这是一年中最均衡、最理想且最具美感的日子，万物将实、生机盎然。抽齐了穗子的小麦在暖风中摇头晃脑，像孩童般娇憨可人。桑叶正肥，蚕宝宝啃噬个不停。

江南地区有句农谚："小满动三车，忙得不知他。""三车"指的是油车、丝车、水车。小满时节，各种车都转动起来，榨油、缫丝、灌溉……到处一片忙碌的景象。

中原地区还保留着小满日赶集的传统，称为"小满会"。小满当日或错后一两日的集市，非常热闹，是乡村的大卖场。规模大一点儿的"小满会"，还搭戏台、请戏班，人们可以热热闹闹看大戏。

"小得盈满"是指作物的成长阶段，也是人生的一种追求。月满则亏，水满则溢。花全开，就意味着要开始凋谢；月全圆，就代表着要开始残缺。其实，如果保持小得盈满的心态，每时每刻都可以有着充盈的幸福。

**【诗词鉴赏】**

# 积雨辋川庄作

### ［唐］王　维

积雨空林烟火迟，蒸藜炊黍饷东菑。

漠漠水田飞白鹭，阴阴夏木啭黄鹂。

山中习静观朝槿，松下清斋折露葵。

野老与人争席罢，海鸥何事更相疑？

　　一连下了几天雨，雨云低垂，静谧的丛林上空，炊烟缓缓升起来。农妇们开始做饭了，做好后准备送到村子东头劳作的人那里——正是农忙的时候，男人们一大早就下田地了。

　　农家生活清寒，能拿出来的也只是粗茶淡饭。劳作固然辛苦，但可以小憩片刻，有衣可暖，有餐可饱，有人可爱，这未尝不是一件幸福的事。

广阔的水田上，白鹭翩然飞起；幽深的树林里，黄鹂婉转鸣唱。白的鹭，黄的鹂，色彩分明如画。连鸟儿都是那么自由自在地飞鸣，更别说人了。

山野一派清新绝尘，诗人早已陶醉其中。木槿花朝开夕落，他独坐山中，静观花开花谢，叶落叶生，不去在意那些尘世繁杂。他采摘露葵以供清斋素食，这滋味，在一般世人看来，未免过分孤寂寡淡了吧？但静淡如水的心境，不需要丰脂肥膏。

正如诗人的心声：我早已去机心，绝俗念，随缘任遇，于人无碍，与世无争了，还有谁会无端地猜忌我呢？

辋川夏日，宁静和谐。诗人远离喧嚣的城市和官场，在这里观槿、折葵、寻道，找到了内心那片幸福的桃花源。

# 芒种：人生大事种和收

芒种，是二十四节气中的第9个节气，在每年公历的6月5、6或7日到来。

芒种，拆开来看，就是"有芒的麦子快收，有芒的稻子可种"。对农人来说，这是一个忙碌的时节。《芒种谣》里唱道："芒种忙，麦上场，起五更来打老晌。抢收抢运抢脱粒，晒干扬净快入仓。芒种忙，种秋粮，玉米高粱都耩（jiǎng）上。高地芝麻洼地豆，雨插红薯栽稻秧。"所以，芒种也经常被人写成"忙种"。收获播种，两面忙碌，一样充实。

想起故乡，风吹麦浪。

田野上的锋芒，是青春里的横冲直撞。毫无顾忌地吸收阳光，才能挺直脊梁。饱满的果实，只臣服于豆瓣一样掉落的汗水。

想起那些年，遥远的眺望。

青眺望着黄。绿色秧苗，是父亲给稻田准备的嫁妆。那些希望，在晃晃悠悠的挑担上散落四方。当有一天，麦子和稻子停止了打量，父亲也不再关心收收种种的事儿，他已经老了，忘记一生的苦乐，漂游在岁月的河流之上。

山眺望着海。赶考的少年，纵步过山岗，远方的大海，需要一生去丈量。头顶的星辰和纸上的文章，都藏着无穷的奥秘。纸上的奥秘，其实是浅显的。真正的秘密，写在大地上——人生大事，在种，在收。

**【诗词鉴赏】**

# 约　客

[宋] 赵师秀

黄梅时节家家雨，青草池塘处处蛙。

有约不来过夜半，闲敲棋子落灯花。


随着芒种节气的到来，江南地区开始进入雨季，因其发生在梅子黄熟的时节，所以称其为梅雨。谚语有云："黄梅天，十八变。"有时候是细雨连绵，一下就是好几天；有时候是瓢泼大雨，来势汹汹，奔放而大气。

梅雨时节，乡村的夜晚被连绵的细雨笼罩着，雨声不断，池塘里的蛙声也不断。夜已经深了，约好了的朋友却还没来，也不知道究竟是什么情况。诗人还在焦急地等待着。本来这个夏夜，将会有推杯换盏，会有棋艺切磋，会有谈笑风生。然而这一切都没有发生，他只等来了一段空白的时间。在满世界的雨声和蛙声里，他没有一句言语，也得不到任何的回应。他无聊地拿起棋子敲着桌面，不经意间震落了烛花。烛光应是更明亮了，而他的孤独和失落感也更深了。

然而在某一瞬间，我们又读懂了诗人孤独背后一种愉悦的自适。把烦琐的、焦虑的、骚动的东西都忘掉后，诗人的心灵便轻盈了、自在了。这时候再来听窗外的声音，他听到的竟然都是美的自白。

不来，便不见吧！诗人在等待的那段留白里，放弃了等待，回归了自我，摆脱了失落的情绪，得到了心灵的平静。

# 夏至：南风之薰可解忧

　　夏至，是二十四节气中的第10个节气，在每年公历的6月21或22日到来。

　　春分和秋分，代表的是一种均衡。而夏至和冬至，代表的是一种极致。夏至这天，北半球白昼时间最长，而夜晚时间最短。阳气达到顶点，炎热的天气就要到来。何以消夏？

　　空调、西瓜、雪糕等，都是现代人夏日居家必备。尤其是争奇斗艳的文创雪糕，甚至成为一股潮流，承包了人们的夏日美味，也承包了人们的朋友圈。南昌滕王阁、武汉黄鹤楼、敦煌莫高窟九层楼等建筑造型的文创雪糕，恨不得一层楼一片瓦都比对着"复刻"出来，生怕人们对着实景来找碴儿。圆明园的荷花、洛阳的牡丹、北京西山八大处的七叶树等花卉造型的文创雪糕，一定是选用造型最典雅的一朵花，一口下去，就含化了整个夏天的甜蜜。

按照农谚的描述，"夏至东南第一风，不种潮田命里穷""夏至不热，五谷不结"，炎热虽是煎熬，也是馈赠。古人很早就已经敏锐地意识到"风调"才会"雨顺"。

先秦《南风歌》有云："南风之薰兮，可以解吾民之愠兮。南风之时兮，可以阜吾民之财兮。"夏至时节，如果南风来，人们就没有忧愁。为什么呢？因为南风如果按时来，丰收可期，人们的仓廪就丰实了。

**【诗词鉴赏】**

# 夏日南亭怀辛大

［唐］孟浩然

山光忽西落，池月渐东上。

散发乘夕凉，开轩卧闲敞。

荷风送香气，竹露滴清响。

欲取鸣琴弹，恨无知音赏。

感此怀故人，中宵劳梦想。

"蜻蜓点水款款飞，掠过荷声藤影。蝉鸣阵阵倏然止，铭刻夏日悠长。"古人避暑的方式极富格调和浪漫。到荷塘水亭边避暑，是很多诗人的共同爱好，孟浩然也不例外。

傍山的日影忽然西落了，池塘上的月亮从东面慢慢升起。诗人沐浴之后，打开窗户，披散头发，靠窗而卧。此时，身心清爽惬意，周遭安静恬雅。夏荷郁郁葱葱，一阵阵的晚风送来荷花的香气，沁人心脾。

在这样的环境中，人们何尝不愿化身为莲。正如作家席慕蓉所说的，"我愿为莲，在暮风中轻轻摇曳，尘世的喧嚣对我而言，只是过眼烟云"。

心静下来了，听觉也就更加敏锐了，诗人甚至能够听到露水从竹叶上滴下而发出的清脆的响声，真是悦耳清心。这天籁似对诗人有所触动，使他想拿琴来弹奏。

但一想到没有知音欣赏，诗人心中不免升起一丝淡淡的惆怅。他多么希望昔日的好友辛大能在自己身边，两人可以闲话清谈，共度这良宵，共赏这美景。也许只有进入梦乡后，自己才会和好友相会吧。

# 小暑：且乘清风去破浪

小暑，是二十四节气中的第11个节气，在每年公历的7月6、7或8日到来。

小暑将南方的"梅姑娘"赶走，自己则大大咧咧地坐下来，一口气就将温度计上的红线吹了上去。这只是一个开头，没有最热，只有更热，因为更热的大暑还在后头呢！

"小暑大暑，上蒸下煮"，古人已有领教。陆游说："坐觉蒸炊釜甑（zèng）中。"韩愈说："如坐深甑遭蒸炊。"甑是古代蒸饭的一种瓦器。看来，这时天地间就像是一个大蒸笼，不管三七二十一，上来便要把人们蒸一蒸。

人们坐在屋里，空调已经压制不住心头乱撞的烦躁。走在路上，空气像黏稠的油，让人几近窒息。此时，你一定在心头呼唤：要是有阵风该多好！

风避过了盛夏的"淫威"，躲在某个角落，你要去寻找。小时候，一到天热的时候，我喜欢跑到山中去，在山顶上大喊一声，然后就得到了风的呼应，万树摇动，松涛阵阵。树下的清凉，并不只我一个人独享。几只蚂蚁，就在我身边踟蹰不前，好像想和我说点儿什么。

偶尔去公园走走，放慢脚步，听风过竹喧，听莺啼深柳，听虫鸣阶前，听池畔的萍风，听星夜的琴声，听月下的笛韵……即使在炎热的夏天，这也是令人心旷神怡的，不是吗？

**【诗词鉴赏】**

# 夏夜追凉

［宋］杨万里

夜热依然午热同，开门小立月明中。

竹深树密虫鸣处，时有微凉不是风。

小暑过后，天晴的日子，中午的太阳是很暴虐的，这是一天中最为酷热的时刻。然而在诗人的感受中，即使夜幕降临，体感的温度也没有降下来，几乎和中午一样炎热。

诗人本已躺在床上，辗转反侧，热得难以入睡，不如披衣起床，打开房门，到月光下站一会儿，既是追凉，也是赏月。

月亮离人似远似近，罩着一层朦胧的光辉。它像一位神奇的布景师，将白昼的一切神秘化。月光下的一切，影影绰绰，看不分明。此时此刻，人们看待世界的眼光突然柔和下来，身边的一切都是那么美，心灵深处的善和美最容易在这样的心境下被激发出来。

月光点缀的夜，万籁俱寂，静如止水。半个清爽的月亮正挂在山腰上，山风从耳边习习吹过，送来虫的欢鸣。你似乎还能听到露水从草间滴落的声音。夏夜是神奇的，你若能安然地静下来，许多不曾注意过的声音就会在耳畔回响。

这时候你再去读诗的最后一句"时有微凉不是风"，就有同样的感受了。如果让人感觉微凉的不是风，那是什么呢？我想是静和定。当你心里慌张、想法太多的时候，即使有风，你也是感受不到凉意的。凉意，只会关照心神安定者。

# 大暑：映日荷花别样红

大暑，是二十四节气中的第 12 个节气，也是夏季的最后一个节气，在每年公历的 7 月 22、23 或 24 日到来。

"夏有三伏，热在中伏"，大暑时节正值"中伏"前后，地表的热量积累到了极致，天气进入了一年中最炎热的时期，人们谓之"苦夏"。

宋代诗人梅尧臣这样写道："大热曝万物，万物不可逃。燥者欲出火，液者欲流膏。飞鸟厌其羽，走兽厌其毛。"意思是说，柴自燃出火，汤煎熬成膏。鸟都嫌弃自己的羽毛，兽也嫌弃自己的皮毛，可见天气是真的够热。

四季的轮回，留下了不同的风景。如果用心去体会季节的变迁，你会发现，夏也并不都是"苦"的呀。从立夏开始，到大暑为止，从"蝼蝈鸣""螳螂生"到"大雨时行"，我们也从春衫换到夏衣，从温水啜到冷饮，从平和走向热烈。

夏日的声音何其丰富。雨打、蛙叫、鸟鸣、蝉唱……它们灵动洒脱，热情奔放，共同演奏了一首诗意的交响曲。

夏日的色彩何其鲜明。"映日荷花别样红"是酷夏的浪漫，雨后彩虹是夏日的图画。草木把最浓的绿意都献了出来，风吹过，大地上滚动着无数的绿色云朵。

【诗词鉴赏】

# 夏日山中

［唐］李　白

懒摇白羽扇，裸袒青林中。

脱巾挂石壁，露顶洒松风。

一个人如果在山中生活过，一定感受过那种诗意的浩荡：一如林间吹过的风，没有任何羁绊；一如纷纷开且落的花，并不为别人的目光停留。

夏日的山中，清凉又静谧，富有情趣，远没有都市里那么难熬和难耐，因为这里有明月清风，有蜻蜓、蚱蜢、螳螂、蝴蝶、蝉和各种山果。

诗人来到山中的时候，已经懒得摇动白羽扇了，因为这里已经足够清凉，他也已经足够逍遥，人和山已经融为一体。山林中，人烟稀少，他不必在意世俗的眼光，不必拘泥于礼法的束缚，他只需要面对真实的自己。不妨更洒脱一些，衣服和鞋子都可以不穿，就这样袒露胸怀，躺在郁郁葱葱的松林中。头巾也是多余的，随手把它挂在石壁上，任由凉风吹过头顶，这样更加凉爽宜人。

许多人难以做到诗人这样的豪放自如、潇洒豁达。那么，不妨走到山中，被满目苍翠包围，感受一下草木的兴衰和自然风的清爽，摆脱羁绊，释放自我。尝试过之后，也许你会怀念那自由新鲜的空气，怀念远山和炊烟，怀念兔狗和田野，怀念曾经枕天席地沉睡的一个夏日午后。

# 立秋：一叶落知天下秋

　　立秋，是二十四节气中的第13个节气，在每年公历的8月7、8或9日到来。我国习惯上以立秋为秋季的开始。

　　立秋是揪着三伏天的尾巴来到我们面前的，秋老虎犹在，暑热不改。我们感受到秋意凉，是一个缓慢的过程。真可谓轰然入夏，悠然入秋；夏来如山倒，夏去如抽丝。

　　立秋时节，秋风阵阵，梧桐叶开始飘零，故有"梧桐一叶而天下知秋"之说。宋代诗人刘翰在《立秋》一诗中写道："乳鸦啼散玉屏空，一枕新凉一扇风。睡起秋色无觅处，满阶梧桐月明中。"说的就是，在初秋的夜里，人从睡梦中起身，来到寂静的院落里，依稀感觉到了秋声，却又无处寻觅；朗朗月色下，唯有庭院台阶的梧桐落叶。

秋天是一个收获的季节，走在乡间的小路上，空气中都酝酿着果子成熟的味道。苹果、枣、山楂等，经过春风的吹拂、夏雨的捶打，终于走向了饱满、鲜红和低垂。它们的心思都写在脸上，走过鲜衣怒马的花期，经历风吹雨打的磨炼，不再青涩，不再招摇，不再抱怨和患得患失，骨子里添了韧劲，心性里添了从容，岁月打磨出的风情流动在沉甸甸的枝头。风摇过，是果实的窃窃私语。匍匐吧，再低一点儿靠近大地，报告收获的喜讯。

**【诗词鉴赏】**

# 秋　词

［唐］刘禹锡

自古逢秋悲寂寥，我言秋日胜春朝。

晴空一鹤排云上，便引诗情到碧霄。

　　立秋后，古人闻到秋风转凉的气息，再加上落叶纷飞，花木凋零，故多悲词。自宋玉在《九辩》中留下"悲哉，秋之为气也。萧瑟兮，草木摇落而变衰"的名句后，悲，就成了秋的一种调性、一种情绪。

　　刘禹锡断然否定了前人悲秋的观念，他一反常调，以最大的热情讴歌秋天。在很多人眼里，秋天只不过是"常恐秋节至，焜黄华叶衰"的落败之景罢了，他却认为秋天比春天还要美好。"我言"足以看出他对此十分自信。

刘禹锡的仕途并非一帆风顺，永贞革新失败后，作为革新集团的一员，他被贬为朗州司马，但他并没有就此沉沦，而是以积极乐观的心态深入民间学习民歌，并创作了《竹枝词》《采菱行》等一批仿民歌体的诗歌。奉召还京后，他又经过几次起起落落，但他始终以开阔的胸襟溶解生命的不幸际遇。《秋词》正是他被贬朗州后所作。

同是咏秋，因个人处境、心境和胸怀的不同，意境也迥异。刘禹锡眼中的秋景散发着这个季节独有的清朗、开阔和芬芳。鹤飞之冲霄，诗情之旷远，实与虚融合在一起，迸发着潇洒乐观、轻盈飘逸的秋天气息，将人带入明净开阔、意蕴高远的诗境中。

鹤是诗人的自喻，也是不屈意志的化身，它唱响了秋天的一曲清亮之歌。

# 处暑：暑云散去凉风起

　　处暑，是二十四节气中的第 14 个节气，在每年公历的 8 月 22、23 或 24 日到来。

　　处暑是夏天的一个休止符。《月令七十二候集解》中记载："处暑，七月中。处，止也，暑气至此而止矣。"意思是说，暑气将于处暑这一天结束，早上和晚上的凉意已经扑面而来。炎阳不再炙烤大地，蝉儿不再鸣叫。妩媚的秋色在万物间开始一点一滴地弥漫，天地也慢慢静下来。

处暑之后,小朋友们就要准备开学了。严寒歇冬有寒假,盛暑歇夏有暑假。此时秋高气爽,正是读书的好时节,小朋友们就别再找懒惰的借口了。

处暑前后,民间有两个十分隆重的节日。一个是东方的情人节——七夕节。"天上双星合,人间处暑秋。"这一天,喜鹊都不见了,忙着去给牛郎织女搭桥相会。织女是最心灵手巧的仙女,据说这天她会把"心灵手巧"甚至爱情赐给诚心向她祈福的人。另一个是中国传统的"鬼节"——七月半中元节。"鬼节"并不可怕,反而还带着一丝温暖。中元夜,人们点燃河灯上的蜡烛,然后将河灯放在江河之中,任其漂向远方,以祈祷长流不息的江河之水能够祛除疾病灾祸,带来幸福安康,送去对亲人的追思和缅怀。

**【诗词鉴赏】**

# 处暑后风雨

[宋] 仇 远

疾风驱急雨，残暑扫除空。

因识炎凉态，都来顷刻中。

纸窗嫌有隙，纨扇笑无功。

儿读秋声赋，令人忆醉翁。

秋天的凉意是从什么时候到来的呢？应该是从一场秋雨后。处暑时节，一阵疾风骤雨带来了清凉，残留的夏日暑气被一扫而空。这真是一场让人感到舒心的雨。世态的炎与凉，诗人顷刻之间都先后体验到了。

诗人正习惯性地扇扇子，突然感到一阵凉风吹来，这才发觉纸窗上有空隙，是风漏进来了，于是他不禁哑然失笑。扇了半天扇子，原来是在做无用功。窗外秋风阵阵，窗内书声琅琅。儿子正在诵读宋代大文豪欧阳修的《秋声赋》。诗人的思绪不由得蔓延开来，忆起这位"醉翁"来了。

诗人生活在宋末元初，经历了亡国之痛，所以他感受到的秋风秋雨是朝代变换的风雨，它来得那样急那样快，让人猝不及防，将前朝温暖的记忆一扫而空。而在朝代的更迭中，人们最能感受到世态的炎凉、人生的百态。"纸窗""纨扇"在这里宛然成了前朝文化的象征。在时代的疾风骤雨面前，它们尽管已经千疮百孔，但至少能像《秋声赋》一样，给诗人带来情感上的共鸣和心灵上的慰藉。了解了诗人生活的时代背景，再来读这首诗，我们才能理解诗人深沉的故国之思。

# 白露：时光清浅诗意浓

　　白露，是二十四节气中的第15个节气，在每年公历的9月7、8或9日到来。

　　白露是孟秋向仲秋过渡的节点，也是热和凉、润和燥过渡的一个节点。俗话说："白露秋风夜，一夜凉一夜。"自白露节气开始，天气逐渐转凉，昼夜温差加大。

　　白露是秋天极富诗意的一个节气。露水的美，就很有诗意美。在外形上，它如透明的珍珠，颗粒饱满；在称呼上，它有"碧露""繁露"　"草露"……此外，秋天的露水叫"玉露"，滴落的露水叫"垂露"……

这个节气的早和晚，也是深藏诗意的。经过朝露滋润的桂花开了，角落里暗香浮动。那香味，甜甜的，软软的，像是未说出口的惆怅，甜而稳妥，淡而忧伤。草丛中，绿色渐瘦，岁月薄凉，而露珠的摇曳之美，转瞬即逝，像一首未唱完的歌，尾音寥寥；像一支未跳完的舞，指尖还有记忆；像一场温柔乡中的梦，被现实突然触碰而惊醒。

露，是人间的水；白，是天上的月。明月渐圆，天净无片云，地净无纤尘。净光万里，思潮翻滚。想起曾经同行的友人，为何再无音讯？想起远方的亲人，许久未见，不知过得是否还好？

**【诗词鉴赏】**

# 蒹　葭

[先秦] 无名氏

蒹葭苍苍，白露为霜。所谓伊人，在水一方。

溯洄从之，道阻且长。溯游从之，宛在水中央。

蒹葭萋萋，白露未晞。所谓伊人，在水之湄。

溯洄从之，道阻且跻。溯游从之，宛在水中坻。

蒹葭采采，白露未已。所谓伊人，在水之涘。

溯洄从之，道阻且右。溯游从之，宛在水中沚。


　　蒹葭者，芦苇也，飘零之物，随风而荡。如果不是 2000 多年前的这首《蒹葭》，有多少人会注意到这种普通的水草呢？

　　《蒹葭》选自《诗经·秦风》，是一首东周时期秦地的歌谣。那时候中国西部的气候并不像现在这样干燥，那里河流纵横，如江南的水乡。芦苇密密麻麻地丛生河边，如幔似雾，随风摇荡。

作为一种可以吟唱的诗歌，《诗经》的美更是一种语言的韵律美。"苍苍""萋萋""采采"，都是形容芦苇茂盛繁密的样子，但细读之下，每个词似乎都在发出声响：芦苇的叶子相互摩擦，在秋天的早上，发出"苍苍""萋萋""采采"的声音。

作家蒋勋在解读这首诗时说："《蒹葭》留下了最完美的古典情感，没有哀怨，没有愤怒，只是淡淡的。"无论客观环境有多艰难，人们心中也一定相信有希望。那回环往复的吟唱，缠绵而深情。

我想，这种执着而温柔的追求，不一定是对美人的，有可能是对君子、对理想、对一切美的事物的。

# 秋分：秋水为神玉为骨

秋分，是二十四节气中的第 16 个节气，在每年公历的 9 月 22、23 或 24 日到来。

古人说："秋分者，阴阳相半也，故昼夜均而寒暑平。"这一天和春分一样，昼夜等长，天气不冷不热。这一天又处在秋季的中间，所以，秋分有着"平分秋色"的意思。

秋分，是一个清爽而富有诗意的时节。以前在老家的时候，秋天，我常到家附近的浦口公园散步。公园湖边的木芙蓉是迎客的花，早晨时为白色或浅红色，中午之后就变为深红色。湖心的小岛上，有一片绿荫遮挡的草地，一枝石蒜花开独秀，在深草丛中独自起舞。

湖水不盈不枯，水面清澈，水波明净，没有春水的绿，没有夏水的浊，也没有冬水的寒意逼人，这就是秋水啊。秋水清澈，纯净，望一眼，心情就慢慢放松下来，心里好像被什么通彻照亮。

想念一个人时，人们常常用"望穿秋水"来形容。那种思念的心情，未必就是焦虑。也许就像我一样，独自坐在水边，看着蓝天倒映在水面上，看着树影倒映在水面上，看着往事的回忆倒映在水面上，看着几条鱼牵引着自己的心思在水下慢慢游荡，有一点儿忧伤，又有一点儿甜蜜。

【诗词鉴赏】

# 水调歌头

[宋] 苏　轼

**丙辰中秋，欢饮达旦，大醉，作此篇，兼怀子由。**

明月几时有？把酒问青天。不知天上宫阙，今夕是何年。我欲乘风归去，又恐琼楼玉宇，高处不胜寒。起舞弄清影，何似在人间。　　转朱阁，低绮户，照无眠。不应有恨，何事长向别时圆？人有悲欢离合，月有阴晴圆缺，此事古难全。但愿人长久，千里共婵娟。

　　古有"春祭日，秋祭月"之说，秋分曾是传统的"祭月节"，中秋节即由"祭月节"而来。中秋节是我国重要的传统节日，它代表着团圆和美好。自古以来，中秋节的重要习俗之一就是赏月。

北宋神宗熙宁九年（公元 1076 年）中秋节，时年 41 岁、在密州（今山东诸城）知州任上的苏轼，和密州的同僚与朋友在"超然台"赏月饮酒，欢度佳节。酩酊大醉的苏轼，身在由他修葺并由弟弟苏辙（字子由）命名的"超然台"上，很自然地想起了正在异地任职、已经五年多没有见面的苏辙。出于对弟弟的思念，他提笔写下了这首中秋诗词第一、至今无人超越的《水调歌头》。

"婵娟"指嫦娥，也代指明月。"但愿人长久"，这是要突破时间的局限；"千里共婵娟"，这是要打通空间的阻隔。亲友天各一方，不能见面，却能心灵相通。这是一种美好的祝愿，也是一种旷达的情怀。

# 寒露：心安之处即吾乡

寒露，是二十四节气中的第 17 个节气，在每年公历的 10 月 8 或 9 日到来。

寒露到时，早晨开窗，便能感觉到扑面而来的寒意。

寒露是二十四节气中第一个带"寒"字的节气。在甲骨文里，"寒"字就像一个人蜷缩在四周是草的屋子里。在金文里，"寒"字的图像中，又加了两块冰，不仅给人冷的感觉，还显得很窘迫。当天气由凉变冷的时候，谁不向往着一块温暖的地方呢？这个能够涌起温暖记忆的地方，大多数人的选择会是家吧。

寒露以后，白日幽晦，天寒夜长，风气萧索，雾结烟愁。羁旅异乡的人，看鸿雁南飞，最容易涌起思乡之情。

临近重阳节，这种思乡之情就更浓了。唐代诗人王维少年时离家到长安谋取功名。在农历九月初九这天，难以压抑的孤独让他情不自禁地写下了著名的诗篇："独在异乡为异客，每逢佳节倍思亲。遥知兄弟登高处，遍插茱萸少一人。"

如果人生注定有一场又一场的别离，请把它看作时间的风霜，在更广阔的世界里酝酿一份"甜"，如这深秋，在任何情境中，总有绽放的生命之姿和丰富色彩。不必沮丧，此心安处是吾乡。

**【诗词鉴赏】**

# 菊　花

[唐] 元　稹

秋丛绕舍似陶家，遍绕篱边日渐斜。

不是花中偏爱菊，此花开尽更无花。


菊花也称黄花，与梅、兰、竹并称"花中四君子"。人们赋予它凌寒不凋的气节、傲霜挺立的风骨和义让群芳的品格。从战国屈原《离骚》中的"朝饮木兰之坠露兮，夕餐秋菊之落英"，到东晋陶渊明《饮酒》中的"采菊东篱下，悠然见南山"，从唐代黄巢《菊花》中的"待到秋来九月八，我花开后百花杀"，到宋代辛弃疾《醉花阴》中的"黄花谩说年年好。也趁秋光老"……古往今来，吟咏菊花的名篇佳作不计其数。

陶渊明不为五斗米折腰，一生厌倦黑暗的官场，喜欢自由自在的隐居生活。他最喜欢的花就是菊花。归隐田园后，他在自家院子里遍植菊花。虽然住着茅屋，物质贫乏，但在他看来，这里就是世外桃源。

诗人元稹也爱菊花。在诗中，他将种菊花的地方比作"陶家"。一丛丛菊花盛开，这景象多么令人陶醉啊！他绕着篱边，专心致志地欣赏菊花，竟没有察觉到太阳就要落山了。他爱菊的理由非常直白，"此花开尽更无花"。百花凋谢之后，菊花方才凋谢，从此便再无花可赏。这为菊花平添一股遗世独立、凌霜清寒的傲气。也正因为如此，菊花才得到了人们的广泛赞赏和喜爱。

# 霜降：停车坐爱枫林晚

　　霜降，是二十四节气中的第 18 个节气，也是秋季的最后一个节气，在每年公历的 10 月 23 或 24 日到来。

　　相传，青女本是那广寒宫中司掌霜雪的仙子，每逢霜降时节来到人间，手抚七弦古琴。琴弦颤动，霜粉雪花随琴音而降，涤荡世间一切污秽，控制了人间瘟疫蔓延，人们得以安居乐业。

　　由美丽的传说到目睹霜降大地，人们便知

道，秋天的最后一个节气，到了。

在很多人看来，这个节气过于肃杀。俗话说："霜降杀百草。"绿意逐渐寥落，树木开始轰轰烈烈地落叶，而且土地上一旦铺上薄霜，结冰的日子也就不远了。想到这里，人们便忍不住打一个寒噤。

可是，寒和暖、失去与得到，从未停止交叠，不是吗？实际上，有些蔬菜在结霜时，为了保护细胞不被冻坏，会将淀粉转化为糖类物质。经霜的菠菜、冬瓜，吃起来格外鲜美；而霜打过的果子，则会更为甜冽。

霜降就像是一场寒冬前的沉淀，为大自然褪去了火气，过滤了浮躁。所有生灵都为进入严冬而预备着更坚韧的精神，始终迎霜傲立，积蓄新一轮勃发的力量。

**【诗词鉴赏】**

# 枫桥夜泊

〔唐〕张　继

月落乌啼霜满天，江枫渔火对愁眠。

姑苏城外寒山寺，夜半钟声到客船。

唐玄宗天宝十二年（公元753年），38岁的张继进京赶考，考取了进士。然而那时候，考中进士只是做官的前提，没有权贵引荐，进士未必就被授予官职。出身寒门的张继在铨选考核时落第，只好归乡隐居。两年后，安史之乱爆发，张继前往江浙一带避难。

转眼到了深秋，在一个残月衔山、乌鸦悲啼、寒霜满天的夜晚，流寓江南的张继泊舟苏州城外的枫桥，写下了这千古名篇《枫桥夜泊》。

　　寒霜明明是落在地上的，怎么会挥洒满天呢？在诗人异化的视角下，极寒的空气中飘满霜花，也是合理的，这叫"无理而妙"。

　　诗人辗转难眠，唯有寒山寺半夜的钟声，打破这清冷之夜的宁静。这钟声一直萦绕在诗人的耳边，更勾起了他的乡愁。

　　仅凭这一首佳作，张继就足以跻身唐代优秀诗人之列。一首流传千古的诗篇、一个失意书生的背影、孤船落月下的江边枫火，千百年来定格成了姑苏城外寒山寺最经典的画面。

　　月落乌啼，有点点霜枫；星星渔火，都是赋愁之地。它们已成为中国文化的一种特殊的指代，根植进了我们绵长而深邃的情感里。那悠远的钟声，穿越了千年时空，依然响彻后人的心头。

# 立冬：万物收藏朔风起

　　立冬，是二十四节气中的第19个节气，在每年公历的11月7或8日到来。我国习惯上以立冬为冬季的开始。

　　立冬和立春、立夏、立秋合称"四立"，都意味着一个新季节的开启。立冬打开了冬天的大门，是开始，也是终结，因为田野里的作物走过一个生命周期，都已丰收，万物收藏，该进仓的进仓，该窖藏的窖藏。

　　春生、夏长、秋收、冬藏，是自然之道。

《诗经·谷风》有云："我有旨蓄，亦以御冬。"我记得小的时候，家里人都储备好了冬菜：切大白菜，渍酸菜；腌霉干菜；磨豆腐，做豆腐乳；切红薯，做干薯片；磨豆子，烫粉皮……到了冬天，早点有了，零食有了，下饭菜也有了，便可万事无忧晒太阳。

冬天，太阳收敛了锋芒，万物蛰伏，人们也要加上一层厚衣，避寒藏暖。立冬才有西北风，古人把它叫作朔风。朔风亲吻了一下树，枝条颤抖了一下，一条街瞬间铺满了叶子。五彩缤纷的路，铺着好看的地毯。这样的画，只能留在相机里，却不能挂起来。

想到远方的朋友，我要提起笔，给他写一封信，告诉他篝火燃起的消息。我把一个故事夹在信里，里面藏着一个谜，他读懂了，心中的春天也就来了。

【诗词鉴赏】

# 初冬绝句

[宋] 陆　游

鲈肥菰脆调羹美，荞熟油新作饼香。

自古达人轻富贵，倒缘乡味忆回乡。

陆游的故乡在浙江绍兴。新鲜的鲈鱼配上脆嫩的茭白，可以熬制成鲜美的羹汤。主食则是荞麦面和鲜榨油煎成的煎饼。不管是鲈鱼还是茭白，都体现着原汁原味的绍兴风。诗人不由得想起了西晋文学家张翰——他因秋风起而思念家乡的莼羹鲈脍，竟辞官归家。人生在世，富贵如云，有什么比"回家"二字更为重要呢？

多数人对陆游的第一印象便是贴在他身上的标签——伟大的爱国诗人。的确，陆游曾写下多首广为人知的爱国诗篇，但他也有大量的诗作写美食，担得起"吃货"这一称呼。"十年流落忆南烹，初见鲈鱼眼自明"，可见他对家乡的美食有多么念念不忘。

自古以来，潇洒豁达的人视富贵如粪土，反而对家乡的味道牵肠挂肚。乡味即是乡愁，最能激起人们乡愁的，我觉得当属家乡的食物了。"上言加餐食，下言长相忆"，我们要表达对亲人的思念，莫过于叫他多多加餐、好好吃饭了。

今天的我们，缓解乡思便捷多了。想念故乡，我们就能抽个假期回去，看看寸寸光阴在庭前徘徊，再带一些父母塞下的大包小包乡土特产回城，慰饥肠，去忧伤。

# 小雪: 已识严冬酿雪心

　　小雪，是二十四节气中的第 20 个节气，在每年公历的 11 月 22 或 23 日到来。

　　小雪时节，气温越来越低，寒气越来越重，寒冬即将来临。小雪时节未必有一场雪，但我们心里都盼望着冬天的第一场雪。倘若没有经历一场雪，就不算过了一个完整的冬。

　　一场雪落在梦中，犹如昙花开在黑夜，没人能体会到它的舞姿有多美，有多轻盈。梦已醒，雪依然在落。早起的人们，终于听到了雪花飘落的声音。

一朵，一朵，一朵……雪花落于掌心，落于心田，落于记忆之河，落于亘古的时空。

雪落的瞬间，世界很静。旷野之外，千山鸟飞绝，万径人踪灭。城市之中，车流偃息，行人停步，世界仿佛静音。

雪落的瞬间，世界很轻。那一年，我和好友登上老家的一座山，寻找庙里的高僧，询问人世的因缘聚散。上山时，我们心事重重。下山时，我们心情舒展。天空没有颜色，人间却飘起来雪花。

我们的生活，需要一些雪落的瞬间，去回忆如梦如烟的往事。如果征集朋友们对雪落瞬间的回忆，你就会发现，每一个雪落的瞬间，都反射着光；而每一段美好的回忆，都携带着温度。

## 【诗词鉴赏】

# 问刘十九

［唐］白居易

绿蚁新醅酒，红泥小火炉。

晚来天欲雪，能饮一杯无？

冬天里的声音和颜色都是有温度的。

如果独自走在冷风中的孤独是零下10℃，知己小酌的碰杯声是28℃，夜市的人声鼎沸高于体温一两度，那么和一群朋友窝在一起的谈笑风生可能和沸腾的火锅一样，足够火热，足够温暖。

如果孤身走入冰冻的黑色夜幕时的体感温度是零下10℃，大雪覆盖的纯白色是零度空间，那么靠近红彤彤的炉火时的体感温度就是28℃。烧得正旺的炉火旁，有七彩的糕点，有米色或者橙黄的一杯酒。这个夜晚的温度足以抵御一切严寒。

红泥火炉，粗拙小巧，炉火烧得正旺，火苗温柔地舔着壶底，木炭燃尽后裂开的声音，衬着夜晚的安静，也衬着人心的安稳。

看看外面，快要落雪了呀！老朋友，能不能留下来一起喝酒？这样直白的语气，这样的真诚和热情，谁能拒绝得了？这是唐代诗人白居易邀请朋友刘十九冬夜围炉小酌的一幕。

白居易为何要邀请刘十九呢？我们不得而知。打动我们的是那种家常的氛围和暖意融融的人情味。

当你想念朋友了，请点起火炉，温一壶酒吧，邀请他：晚来天欲雪，能饮一杯无？如此想来，这是一件很温馨很幸福的事。

# 大雪：一种清孤不等闲

  大雪，是二十四节气中的第 21 个节气，在每年公历的 12 月 6、7 或 8 日到来。

  "江山一笼统，井上黑窟窿。黄狗身上白，白狗身上肿。"这首《咏雪》，写得很有趣味。雪落到江上，井上，万物之上。黄狗像穿了一件白衣裳，而白狗则整个"肿"了起来。

  年少时玩雪，是感觉不到愁滋味的。看着纷纷扬扬的雪花，我只有满心的欢喜。一到下雪的日子，我就要跑出去，在雪地里踩出一行行的脚印，听嘎吱嘎吱的声音在脚下快乐地响起。我甚至在雪地里打一个滚，抓起一把雪，捏成一个球，精准地投向同伴。

古人写得最美的一场大雪，我觉得应该是张岱的《湖心亭看雪》。那年，35 岁的张岱正旅居杭州西湖。下了三天的大雪终于停了。西湖三绝——夜西湖、雨西湖、雪西湖，张岱想必是知晓的。这样的盛景，他岂能错过。

湖心亭的这场大雪下得太美，像人生繁华热闹的顶点，但之后就是幻灭。尽管张岱中年以后的人生遭遇了一重又一重打击，梦想一次又一次破灭，但他始终在心中保留那种"澡雪浴冰"的性灵，没有随世事变幻而沉沦，没有因境遇不佳而郁愤。在我看来，这种性灵就是生命中最妙的境界。

**【诗词鉴赏】**

# 听 雪 窗

［宋］徐集孙

静拥寒炉逼砚冰，冻蝇怪有扑窗声。

抛松撒竹清眠思，吹灭吟灯坐到明。

在寒冷的冬夜，抱着火炉似乎都驱逐不了寒意。临窗的砚台也结上了冰，快被冻僵的苍蝇在窗棂上扑打着，想飞进暖和的屋内。积雪很深，一片寂静里，有多少细微的声音啊，你能听得见吗？

雪花扑簌簌地落着，撒在松树上，也撒在竹子上。这声音可以助人入眠，但诗人并无睡意，索性吹灭了灯火，一直静静地坐着，直到天亮。

赏雪又何需出门，光是聆听，就已经够美

了。夜里，不与雪相见，就隔着门窗，听雪静静地来，轻轻地落。你可以听出天地清明的澄澈，也可以听出内心世界的寂静。

我家老屋的旁边是一片茂密的竹林，风起时，竹子摇头晃脑，跟随着我在屋内的琅琅书声上下起伏。冬夜，万籁俱寂，大黄狗已经睡了，连风都停止了。我早早地钻进被窝，却又睡不着，睁着眼看窗外。外面是真的冷啊！胳膊伸到被子外，感觉像是有一条冰凉的蛇蜿蜒爬过。

不知道什么时候，窗外变明亮了一点儿。直到听到有脆弱的竹子折断的声音，我才知道大雪已经下起来了。可惜我没有勇气爬起来，跑到院子里去看看。翠竹低吻着屋瓦，实在不堪重负了，就抖一抖，落雪撒在屋顶上，发出簌簌的声响，沉闷，却又轻盈。

# 冬至：垂柳珍重待春风

冬至，是二十四节气中的第22个节气，在每年公历的12月21、22或23日到来。冬至这天，北半球白昼时间最短，而夜晚时间最长。

在古代，冬至又被称为"冬节"。"冬至大如年"，这不仅是民间的说法，也有历史的记载。周朝时期通行周历，以阴历十一月为正月，以冬至为岁首，即新年。汉武帝启用夏历（即农历），将夏历正月作为新的岁首后，冬至便成了"小年""亚岁"，作为一个传统节日而延续下来。

《汉书》中提到，"冬至阳气起，君道长，故贺"，意思是说，从冬至这天开始，阳气回升，虽然你看不见，但山中的泉水可以暗暗流动了。白天一天比一天长，新的循环开始了。从汉代开始，一直到明清，官方都有拜贺冬至的习俗。从某种意义上说，这正是对新的一年开始的祝祷。

冬至，俗语也称"进九"，意为今后便是"数九寒天"，以九天为一单元，数够九个"九"，天气便暖和了。

冬至日，我最想附庸的风雅，就是像古人一样，画"九九消寒图"。慢慢写，慢慢画，抬眼一看，不知不觉间春天也就来了。等到那时，我还可以抄一句诗："江南无所有，聊赠一枝春。"

【诗词鉴赏】

## 满江红·冬至

［宋］范成大

寒谷春生，熏叶气、玉筒吹谷。新阳后、便占新岁，吉云清穆。休把心情关药裹，但逢节序添诗轴。笑强颜、风物岂非痴，终非俗。

清昼永，佳眠熟。门外事，何时足。且团栾同社，笑歌相属。著意调停云露酿，从头检举梅花曲。纵不能、将醉作生涯，休拘束。

冬至在古代是一个非常重要的节日。这一天的街道上，提着礼盒的人比比皆是，人们衣帽光鲜，喜气洋洋。熟人见面则作揖祝贺，称为"拜冬"。

这样的日子，本该欢乐。年老多病的人却高兴不起来，他们害怕过这个节，因为这又预示着一年过去了。

　　范成大晚年闲居苏州故里，时常感叹时光飞逝，但他更愿意活在当下。既是冬至节日，当豁达开怀。尽管是数九寒天，你看，江南的山谷里却早已萌生了春意。蕙草新叶初生，散发的香气像袅袅的笛音一样，若有若无地在山谷里弥漫开来。

　　地下暖暖的阳气，一丝一缕地升腾起来。今天是冬至节日，真可谓吉日良时。想着从今以后，纤云日巧，天气清和，温暖的春日会一天天到来，新一年的好光景也会到来，生命里的好事说不定也会悄然而至呢。所以，不要总想着自己年衰岁暮，烦闷郁结于心，还是和志同道合的友人欢聚一下吧！

# 小寒：觉来满眼是湖山

　　小寒，是二十四节气中的第23个节气，在每年公历的1月5、6或7日到来。

　　小寒，是严寒将至，初寒尚小。"小寒大寒，冻成冰团"，但从体感上来说，小寒比大寒更冷、更多雨雪。

　　"风卷江湖雨暗村，四山声作海涛翻。溪柴火软蛮毡暖，我与狸奴不出门。"管他外面风卷雨啸，像宋代诗人陆游一样，点起柴火，裹上毛毡，抱着猫一起烤火，便暖意融融。

"寒夜客来茶当酒，竹炉汤沸火初红。寻常一样窗前月，才有梅花便不同。"寒冷冬夜，大雪纷飞，像宋代诗人杜耒一样，捣茶、碾茶、煮茶，岂不快哉？围炉煮茶，与老友话长夜，坐看月下梅花落，将这厚厚的寒气尽数在这明灭的火光里蒸干融尽，融入一盏热茶里，好不悠闲自在。

"拨火煨霜芋，围炉咏雪诗。此时无一盏，虚度小春时。"冬日里，最让人安心的就是温暖的火光。炉火哔剥，有许多可以投进炉火里煨熟的美味。有人投进的是红薯、栗子、花生，有人投进的竟然是新摘下的橘子、鲜橙。明代诗人朱有燉投进的是经霜后的芋头，他一边烤火，一边煨着芋头吃，顺便咏下这首关于雪的诗作。此时如果不喝一点儿酒，简直是虚度了这小阳春啊。

【诗词鉴赏】

# 腊八日怀圣仆

［明］葛一龙

怀君八日语，五见十年中。

险阻贫兼病，西南北又东。

两乡俱各健，一粥喜遥同。

木末临清晓，应披看雪红。

农历十二月初八，古代称为"腊日"，俗称"腊八节"。传统节日总是少不了美食，腊八节更是如此。而粥，是这一天的重头戏。

喝腊八粥算是一项"全民运动"，不分地区，只是所用的食材会有所不同。腊八粥起源于宋代，当时，在腊八节这一天，全国上下不论贫富贵贱，都会熬煮腊八粥。清代喝腊八粥的习俗更盛，人们不仅仅是自己煮了喝，还会送给亲朋好友，做皇帝的也会给臣子们赏粥。

明代诗人葛一龙在这一天满怀深情地写了这首《腊八日怀圣仆》，将他对朋友的思念付诸笔端。他和好朋友郭圣仆的感情不是一般的好，二人一同出去游玩时，他会为郭圣仆写一首诗，分别时他会再写一首诗。看到野桥边的风景，他会不由得想起"故人别处犹堪忆"，顺手又写一首诗。

粥虽普通，拿捏起来也耗去一番功夫。煮粥是一个漫长的过程，等待水开，等待红豆变松软，等待糯米变黏腻，等待花生变得适口又香甜，也等待美妙降临。也许在看着粥翻滚的过程中，葛一龙内心生出无限的温暖来，于是他想起了那个流离红尘、似粥一般温柔的人。等到天亮的时候，他应该披着衣服去看雪中的红梅了。

# 大寒：待得明朝换新律

　　大寒，是二十四节气中的最后一个节气，也是冬季的最后一个节气，在每年公历的1月20或21日到来。这时，一般是我国一年中天气最冷的时候。

　　一年岁月至此，光阴迟迟，却也圆满。最后一个节气过去，可告别冬，可等候春。

　　在一场雪的铺垫后，我闻到了中国人熟悉的独有的味道，由远及近，由淡变浓，贯穿游子的心和家人的眼。没错，这就是"年的味道"。从人头攒动的火车站候车大厅里，从同学和老乡的一句"什么时候回家"的问候里，从年货摊上日渐增多的人流里，从踏上故土的激动心情里，我们都可以嗅出"年的味道"。

在年味的感染中，思乡的情感被唤醒，于是大家以团聚的名义出发。返乡之路也许并不轻松，但我们就像逆流而上的大马哈鱼，无论面对多少激流险滩，依然向着目标坚定前行，因为那里有我们的父母亲人，那里不仅是我们地理意义上的家，更是我们的精神家园。

如果可以，久别重逢的人，请给彼此一个拥抱吧！是呀，大寒或大寒后会遇到"国际拥抱日"（每年的 1 月 21 日）——一个用拥抱传递爱与温暖的日子。在这个严寒的时节，请给身边的人一个紧紧的拥抱吧！让我们一起把这个世界变得更温暖、更有爱。

**【诗词鉴赏】**

## 腊月雪后

[宋] 汪莘

林下雪消添晚汲，山中日出欠晨炊。

先生茅屋春犹早，只有阶前碧草知。


老家屋后的菜地里的菜收获以后，母亲常常把地边的草锄起来，拢到一起，等太阳晒干后，付之一炬，草木灰留下做来年的肥料。我以为，在腊月寒冬，灰烬下面应该了无生机。有一年年末，雪后天晴，我从菜地走过，土地松软，踩下的脚印里面，竟然有绿色的草尖冒了出来。

可是，明明是腊月，春风缺席，小草又是怎么知道春天到来的呢？是宽厚的土地，将暖气最先传达到深埋在地下的小草根部。只是人们习惯闭冬，待在室内，很少有时间走出来，察觉不到大地底色的轻微变化。

农历十二月被称为腊月。这个时节，诗人隐居的生活是清苦的，天寒地滑，挑水很难，幸好山林中的雪化了，装一桶雪化的清水，可供晚上饮用。山里的太阳出来了，可恋床的人迟迟不愿起来做早饭，屋顶上也就看不到炊烟。

等到起床，一阵冷风吹来，抬头看看屋顶的茅草，枯黄而单薄。离春天还早呢，可是低头一看，那阶前的绿草已经传递着春的消息了。再偏远的地方，也不会被春天遗忘啊。

台阶前的浅草，朦胧清淡，绿意还不够鲜明，很容易被人忽略，但心怀暖阳的人，是不会漠视那轻微的春意的。他已经看到了无限的生机，于是一脚越过冬，满怀期待地迎接那越来越浓的春光。